中国航天基金会 权威力荐
中国航天科工二院二〇八所 组织审定

空天宝贝登月吧

马倩/主编
谢露茜 唐纹 郑焱/编著
王柯爽 郭真如/绘

② 火箭怎么造呢

电子工业出版社
Publishing House of Electronics Industry
北京·BEIJING

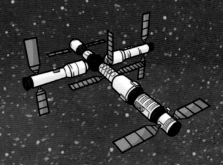

图书在版编目（CIP）数据

空天宝贝登月吧.火箭怎么造呢 / 马倩主编；谢露茜，唐纹，郑焱编著；
王柯爽,郭真如绘. — 北京：电子工业出版社，2022.5
ISBN 978-7-121-43237-8

Ⅰ.①空… Ⅱ.①马… ②谢… ③唐… ④郑… ⑤王… ⑥郭… Ⅲ.①月
球探索-少儿读物 Ⅳ.①V1-49

中国版本图书馆CIP数据核字（2022）第060784号

责任编辑：季　萌
印　　刷：河北迅捷佳彩印刷有限公司
装　　订：河北迅捷佳彩印刷有限公司
出版发行：电子工业出版社
　　　　　北京市海淀区万寿路173信箱　邮编：100036
开　　本：889×1194　1/16　　印张：10.75　　字数：30.3千字
版　　次：2022年5月第1版
印　　次：2022年5月第1次印刷
定　　价：148.00元（全3册）

凡所购买电子工业出版社图书有缺损问题，请向购买书店调换。若
书店售缺，请与本社发行部联系，联系及邮购电话：（010）88254888，
88258888。
质量投诉请发邮件至zlts@phei.com.cn，盗版侵权举报请发邮件至dbqq@
phei.com.cn。
本书咨询联系方式：（010）88254161转1860，jimeng@phei.com.cn。

亲爱的小朋友们：

习近平总书记2022年5月2日在给航天青年的回信中写到："建设航天强国要靠一代代人接续奋斗。希望广大航天青年弘扬'两弹一星'精神、载人航天精神，勇于创新突破，在逐梦太空的征途上发出青春的夺目光彩，为我国航天科技实现高水平自立自强再立新功。"

少年儿童是祖国的花朵，是民族的希望。"空天宝贝"系列丛书是专门为小朋友们设计的，以航天国防知识为科普内容的原创绘本，由中国航天科工集团旗下的空天文创品牌创作。《空天宝贝登月吧》（全3册）作为"空天宝贝"系列丛书的第一部，讲述了空天宝贝"天宝"和他的朋友们克服艰难险阻，努力学习制造火箭的故事，希望小朋友们像空天宝贝一样，勤学好问，团结友爱。在这套绘本的创作过程中，特别感谢张弛叔叔的悉心指导，感谢郭丽娟阿姨分享的宝贵经验。

希望大家喜欢天宝、喜欢小朵。后续，"空天宝贝"系列绘本还会有很多精彩的故事，更会有"空天宝贝"系列动画片，请大家持续关注哦！

我们一起点燃
空天宝贝

天宝

的小宇宙吧！

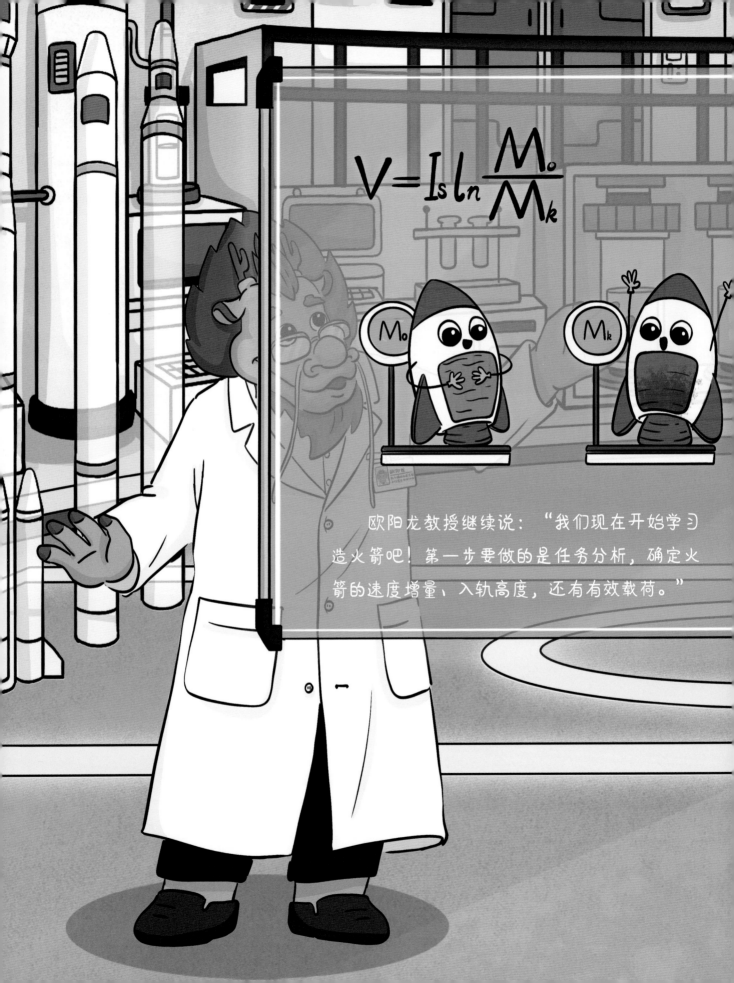

天宝一头雾水："有效载荷是什么？速度增量又是什么？"

有效载荷

欧阳龙教授耐心地回答："有效载荷就是通过火箭运到太空的所有东西的重量，比如卫星、飞船、返回舱、着陆器、探测车等。装的东西越多，制作难度越大。"

天宝来到公孙鹿教授的实验室，给他看自己画的地月路线图。

公孙鹿教授哈哈大笑，天宝画的从地球到月球的路线图居然是一条直线！

天宝满脸疑惑："难道两点之间不是线段最短吗？"

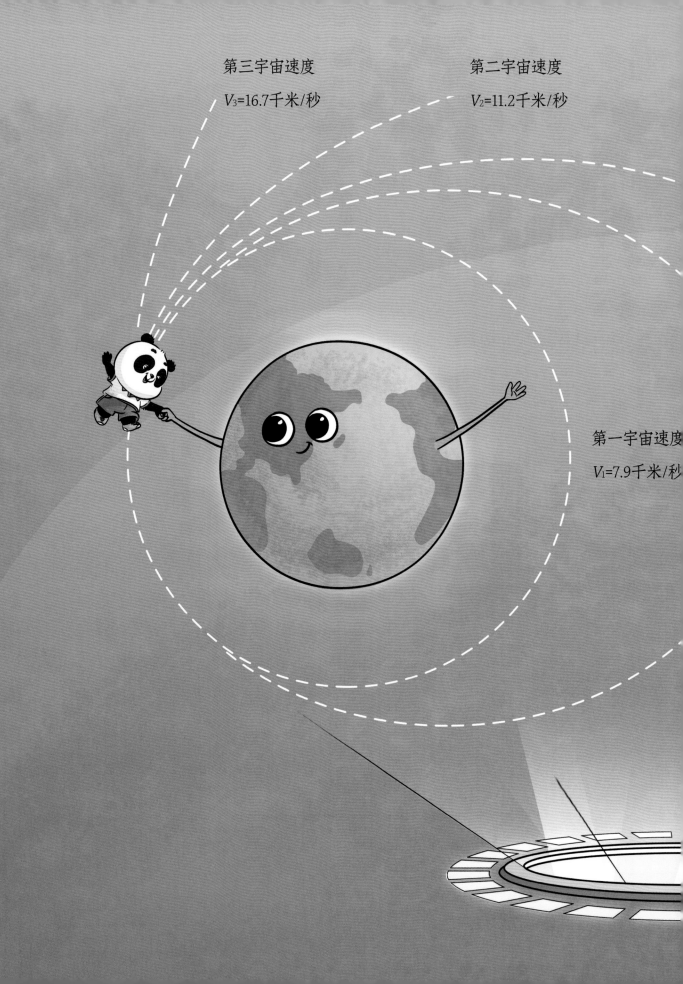

第三宇宙速度
V_3=16.7千米/秒

第二宇宙速度
V_2=11.2千米/秒

第一宇宙速度
V_1=7.9千米/秒

公孙鹿教授说："轨道不是直线！因为地球的引力就像风筝的线，当你飞到大气层外，地球就会用那根线拉着你绕圈圈！只有加快速度，挣脱那根'线'，才能离开地球！这一圈圈的地月转移轨道，才是目前飞往月球的正确路径！"

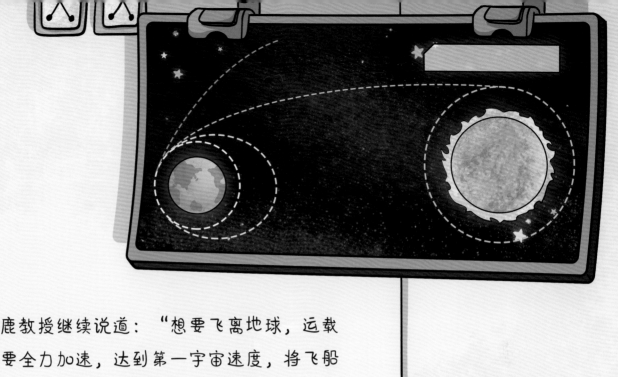

公孙鹿教授继续说道："想要飞离地球，运载火箭首先要全力加速，达到第一宇宙速度，将飞船运到地球轨道；然后做绕地飞行，之后再加速、变轨，达到第二宇宙速度，才能脱离地球引力，真正飞向月球。"

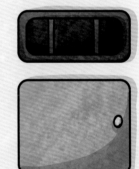

公孙鹿教授给了天宝一张轨道设计图，说："接下来去找东方鹤教授学习动力分系统设计吧！有了发动机，火箭才能飞天！"

天宝坐上纸飞机，跟公孙鹿教授道别："再见啦，公孙鹿教授，谢谢您！"

嗖——

增压设备

贮箱

管路

喷管

再生冷却系统

东方鹤教授侃侃而谈："火箭发动机有很多种，你要做的是载人火箭，它可不是小家伙！载人火箭的发动机目前用的是液体发动机，也就是说，它使用的燃料和氧化剂都是液体的。"

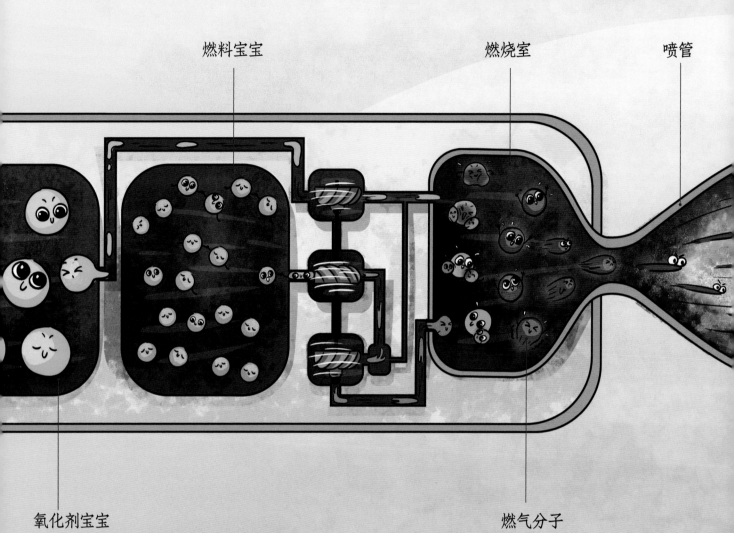

燃料宝宝

燃烧室

喷管

氧化剂宝宝

燃气分子

"看，发动机的尾巴这里有个拉瓦尔喷管！在燃烧室中，燃料和氧化剂混合分子原本懒洋洋的，但是拉瓦尔喷管能让它们加速喷出，产生巨大推力，把火箭'顶'起来！就像一个吹得鼓鼓的气球，一旦松口，空气就往外喷，气球就向相反的方向飞出去了！"

　　东方鹤教授给了天宝一张发动机设计图，叮嘱道："带好设计图，去找控制系统专家纳兰蜓教授吧！"

纳兰蜓教授的实验室在荷塘深处。

天空突然下起了大雨，天宝举起一片荷叶当雨伞，向纳兰蜓教授的实验室跑去。

纳兰蜓教授仔细地给天宝讲解了控制系统的设计方法："控制系统在火箭上的地位，有如眼耳、大脑和手脚，它会告诉火箭要飞去哪里，该怎么飞。我给你一张控制系统的设计图，接下来去找电气系统设计师诸葛章教授吧！"

精通电气系统的诸葛章教授住在海里，他今天休假了，天宝只好去教授家里拜访。

诸葛章教授把天宝和蜜枣带到沙滩上，给了天宝一张电气系统设计图，让他去森林里找慕容蛛教授学习结构设计方法。

最后，天宝爬上
树枝，向慕容蛛教授
请教结构设计方法。

天宝终于凑齐了制造火箭需要学习的全部内容！

天宝开心地大喊："月亮月亮，我来啦！"

然后他给小朵写了一封信。

亲爱的小朵：
我要去🚀造🚀了，
记得给🐢喂食....

测试

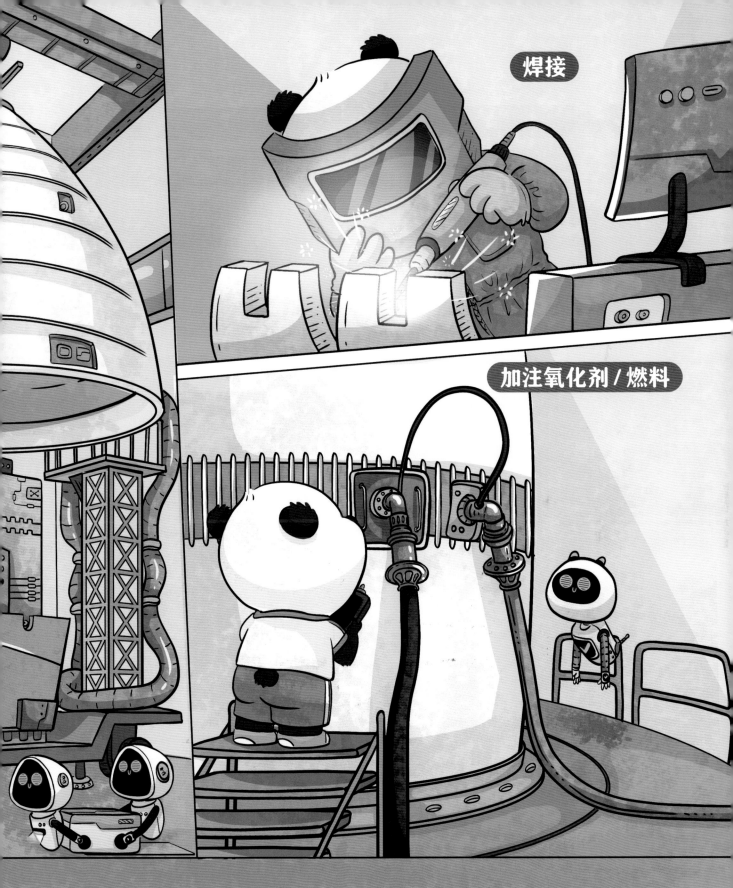

接下来的日子里，天宝在科学X工厂起早贪黑地制造火箭，
即使遇到困难也不放弃。

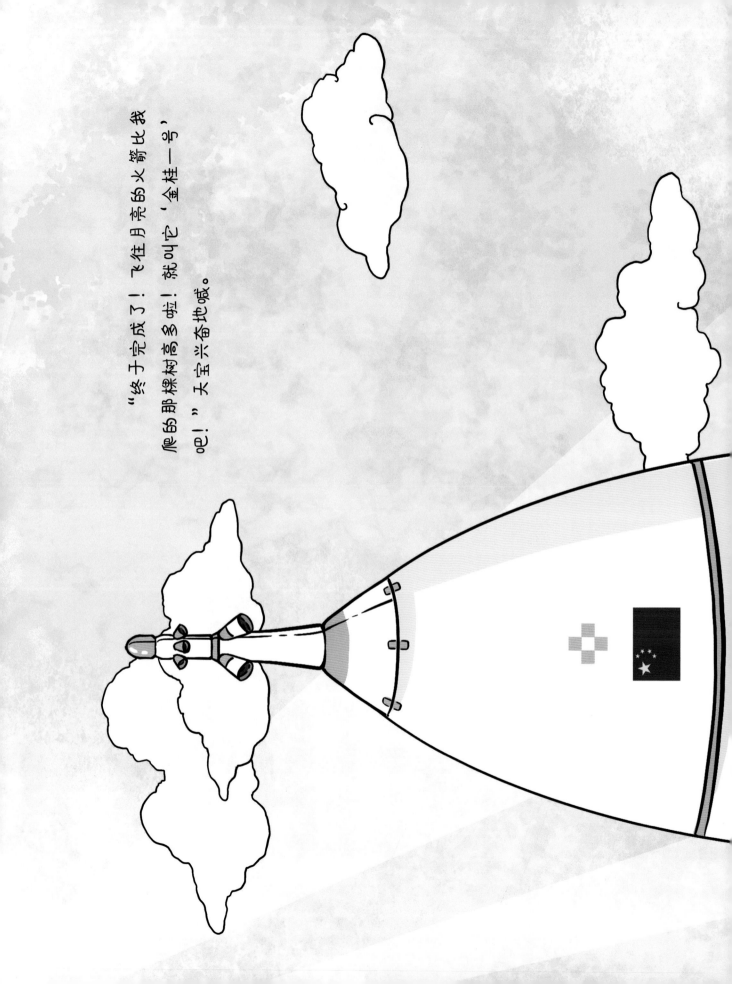

"终于完成了！飞往月亮的火箭比我爬的那棵树高多啦！就叫它'金柱一号'吧！"天宝兴奋地喊。

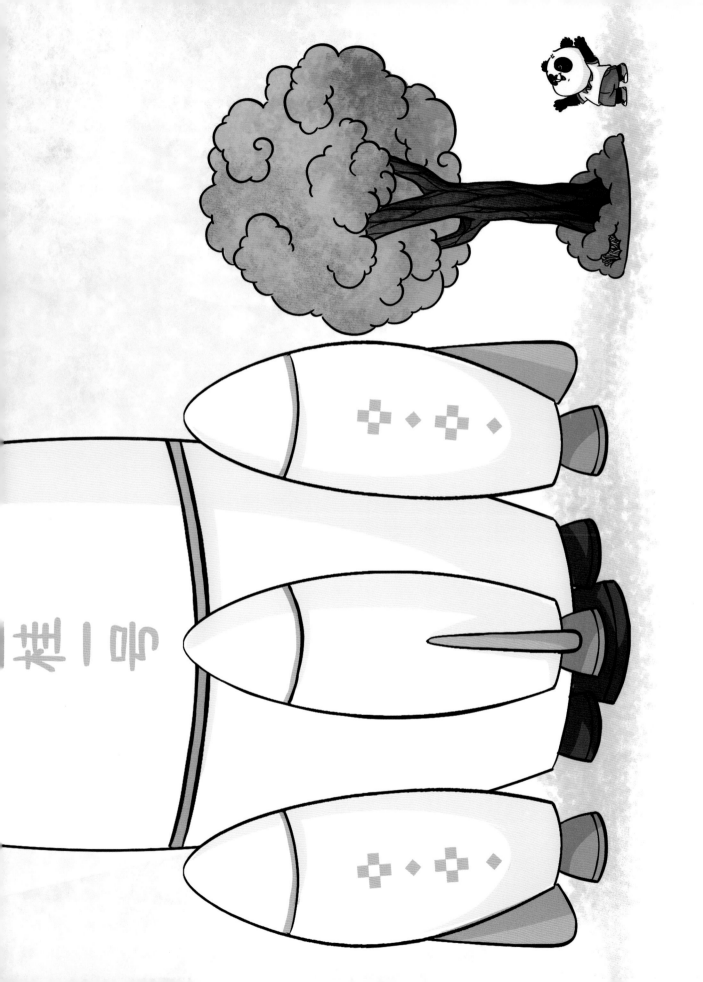

科普

《空天宝贝登月吧》
知识点

载人火箭成本：研制运载火箭需要高精尖技术，发射运载火箭更是一项庞大的工程，因此航天发射的成本极高。一般而言，发射一次运载火箭的成本包括以下几个方面：运载火箭的研制成本（单价）、运载火箭的发射成本、运载火箭的测控成本。组成运载火箭的部件都有很高的技术要求，在经历预研、生产、组装、测试等各个阶段，每一阶段都需要花费大量的经费。

（来源于中国航天科技集团有限公司官网）

"航天之父"——齐奥尔科夫斯基：俄国著名科学家齐奥尔科夫斯基从理论上证明了多级火箭可以克服地球引力而进入太空，并建立了火箭运动的基本数学方程，奠定了航天学的基础。他有一句名言："地球是人类的摇篮。但人类不会永远躺在摇篮里，他们会不断探索新的天体和空间。人类首先将小心翼翼地穿过大气层，然后再去征服太阳周围的整个空间。"

（来源于人民网）

齐奥尔科夫斯基公式：火箭是一种利用反冲现象推进的飞行器，通过向与飞行相反的方向喷射物质而前进，使用齐奥尔科夫斯基公式即可以估计出火箭需要携带的推进剂的数量等。公式中，V 表示火箭获得的速度增量；I_s 即推力室比冲，表示单位重量推进剂所能产生的冲量；M_0 和 M_k 分别为火箭的初始质量及推进过程完成后的质量，显然 $M_0 > M_k$。

（来源于书籍《液体火箭发动机现代工程设计》）

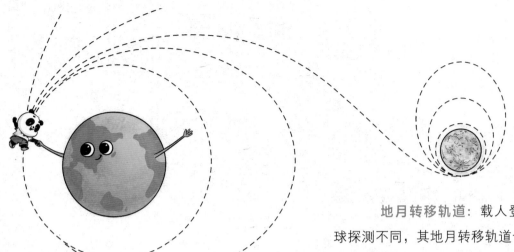

地月转移轨道：载人登月和无人月球探测不同，其地月转移轨道也不同。对于后者，地月转移轨道是月球探测器进入月球环绕轨道的一条轨道，是从月球探测器通过不断加速、脱离地球引力、飞向月球开始，到被月球引力捕获、近月制动为止的轨道段。从地球到月球，消耗能量最小的轨道只有一条，月球探测器从这条轨道飞向月球可以节省更多燃料，从而延长绕月探测的工作寿命。

（来源于文章《通用航天器轨道设计系统设计与实现》）

三大宇宙速度：从研究两个质点在万有引力作用下的运动规律出发，人们通常把航天器达到环绕地球、脱离地球和飞出太阳系所需要的最小速度，分别称为第一宇宙速度（7.9 千米／秒）、第二宇宙速度（11.2 千米／秒）和第三宇宙速度（16.7 千米／秒）。

（来源于人教版《物理 必修2》）

我们可以看出，天宝的飞船要超过第二宇宙速度才可以。

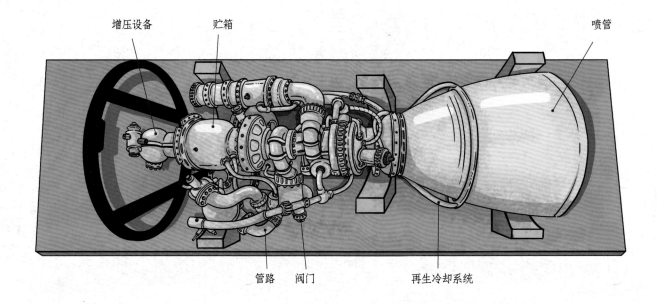

増压设备　贮箱　喷管

管路　阀门　再生冷却系统

液体火箭发动机： 液体火箭发动机主要由推力室、推进剂供应系统、阀门与调节器及发动机总装原件组成。其主要性能参数有推力、比冲和混合比。火箭发动机工作时，首先会把燃料和氧化剂变成混合的喷雾，由泵和管路输送进燃烧室；点火后，混合的燃料喷雾在燃烧室中燃烧，产生高压气体；最后气体通过拉瓦尔喷管向后加速喷出，火箭即获得向前的动力。

火箭动力分系统设计是基于火箭总体设计的数据，计算得到发动机的尺寸等参数。

（来源于书籍《液体火箭发动机设计》）

喷管

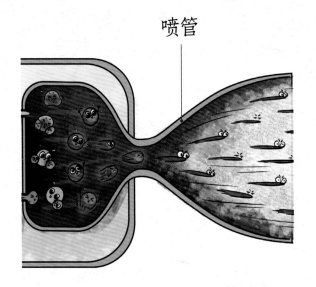

拉瓦尔喷管： 瑞典人拉瓦尔发明的拉瓦尔喷管是火箭发动机推力室的重要组成部分。喷管呈漏斗形，前半部分收缩段由大变小，向中间缩至一个窄喉，后半部分扩张段又由小变大向外扩。这种特殊结构能让发动机燃烧产生的高压气体从亚声速到声速，直至加速至超声速，使火箭获得更大的动力。拉瓦尔喷管在各种高速管流、超声速风洞、燃气轮机等领域有着广泛的应用。

（来源于书籍《解析流动：画说流体力学》）

火箭控制系统： 火箭控制系统的任务是将物体准确地送到目的地。控制系统由制导和导航系统、姿态控制系统、电源供配电和时序控制系统三大部分组成。制导和导航系统的功用是控制运载火箭按预定的轨道运动，把有效载荷送到预定的空间位置并使之准确进入轨道。姿态控制系统首先要稳定火箭绕质心的运动，使火箭在各种干扰下，能较快地给定姿态的角位置。电源供配电和时序控制系统则按预定飞行时序实施供配电控制。

（来源于书籍《运载火箭弹道与控制理论基础》）

火箭电气系统： 运载火箭电气系统涵盖箭上所有电子设备，主要由电气、电子设备和软件组成。该系统主要负责实现飞行过程及地面测试过程中的导航制导控制、参数测量、遥测遥控、供配电管理以及故障诊断功能，是运载火箭运行的"神经中枢和神经网络"。设计电气系统要达到高可靠性、高可测性、更加轻质、智能化的标准。

（来源于中国航天科技集团有限公司官网）

导电体： 导电体是容易导电的物体，即能够顺利地让电流通过的材料。常见的导电体有水、金属、石墨等。有电流通过的导电体具有危险性，应避免触碰。

（来源于百度百科）

水是生活中常见的导电体，为了安全，章鱼教授必须到岸上来，在干燥的地方教学。

火箭结构系统：运载火箭结构系统由贮箱、壳段和特殊功能机构组成，具有承载、支承和容纳的功能，它把运载火箭各系统组合在一起形成一个完整的整体。承载指承受、传递各种力；支承指为电气系统仪器设备及其电缆、发动机、管路、阀门等提供安装基础，并提供良好的力热环境；容纳指贮存发动机燃烧所用的推进剂。结构系统的设计目标是良好的气动外形、轻质化、经济性和工艺性。

（来源于期刊《宇航总体技术》）

加注氧化剂 / 燃料

焊接

组装

航天发射中心：航天发射场承担着运载火箭、航天器（卫星、飞船等）及有效载荷在发射场的吊装、转运、推进剂加注、装配测试等技术准备和实施发射的任务，以及提供通信、气象、计量、水暖电、消防等各种地面勤务保障及后勤支持任务。中国的发射场有 4 个，分别是：酒泉卫星发射中心、西昌卫星发射中心、太原卫星发射中心，以及文昌卫星发射中心。四大发射中心将形成互补关系。中国酒泉卫星发射中心被誉为"中国航天第一城"。

（来源于书籍《戈壁天港：走进载人航天发射场》）

测试

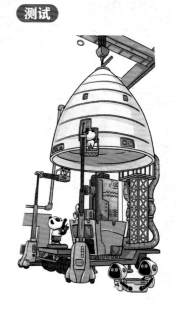